AF224265

ARRÊTÉ

SUR L'EXERCICE

DE LA

BOULANGERIE

A MARSEILLE.

MARSEILLE,

TYP. ET LITH. Ve MARIUS OLIVE, MAZADE, 28.

1852.

ARRÊTÉ

SUR L'EXERCICE

DE LA

BOULANGERIE

A MARSEILLE.

Nous, Maire de la ville de Marseille, officier de la Légion-d'Honneur, Député au Corps Législatif,

Vu le décret du 22 décembre 1812, relatif à l'exercice de la profession de Boulanger dans la Commune;

Vu le règlement arrêté le 18 septembre 1822

par l'un de nos prédécesseurs, et approuvé le 6 décembre suivant par M. le Ministre de l'Intérieur ;

Considérant que plusieurs des dispositions de ce règlement ne sont plus exécuteés, et que le Syndicat de la Boulangerie noüs demande d'en prescrire de nouveau la rigoureuse observation ;

Considérant, de plus, que sans vouloir limiter le nombre des boulangers, il nous appartient, cependant, soit dans l'intérêt des consommateurs et pour éviter l'augmentation du prix du pain, soit pour le bien même de la boulangerie, de prendre des mesures pour en faciliter l'exercice ;

Qu'il existe, en effet, un certain nombre de boulangers qui ne demandent l'autorisation d'exploiter des Fours que pour les revendre avec avantage aussitôt après les avoir achalandés, sauf à aller ouvrir de nouveaux Fours sur d'autres points de la Commune ;

Considérant qu'il n'est ni juste ni honnête de transformer ainsi en spéculation aventureuse une industrie qui se lie si intimement à l'alimentation des citoyens, et qu'il importe de remédier à cet abus;

Avons arrêté :

Article premier.

On ne peut fabriquer, vendre et débiter dans la Commune de Marseille que les deux qualités de pain depuis longtemps usitées, savoir : le pain blanc dit de luxe, et le pain bis.

Art. 2.

Si le pain blanc n'atteignait pas la qualité qui lui est assignée, il serait censé de l'espèce inférieure et vendu comme tel.

Aucune qualité de pain, quelle que soit sa blancheur, sa légèreté, sa finesse, ne pourra être vendue à un prix supérieur à celui du pain dit de luxe, d'après la fixation de la taxe municipale.

Art. 3.

Les deux qualités de pain ci-dessus indiquées comme exclusivement admises et anciennement usitées dans la boulangerie de Marseille auront les formes suivantes :

Pain blanc, dit de luxe, forme allongée, à couronne, à tête ou à navette.

Pain bis, forme ronde.

Art. 4.

Le pain de première qualité ne pourra excéder le poids de 500 grammes, et celui de seconde qualité, le poids de 750 grammes. Il est permis cependant d'en faire d'un moindre poids.

Et comme les pains d'une forme moindre se dessèchent plus que les autres, les boulangers pourront déduire 62 grammes et demi par kilogrammes de pain à deux têtes, 125 grammes par kilogramme de pain à quatre têtes, et 187 grammes et demi sur le kilogramme de pain à navette. En conséquence, le kilogramme, poids usuel, sera représenté par 937 grammes 50 centigrammes pour le pain à deux têtes, par 875 grammes pour le pain à quatre têtes, et par 812 grammes 50 centigrammes pour le pain à navette.

Art. 5.

Tous les boulangers de la ville et de la banlieue seront tenus d'empreindre tous les pains qu'ils fabriqueront de la marque qui leur a été ou qui leur sera délivrée à la Mairie.

Art. 6.

Le tableau des marques des boulangers restera déposé à l'Hôtel-de-Ville ; il en sera délivré des copies aux divers officiers et agents de police , ainsi qu'aux syndic et adjoints des boulangers.

Art. 7.

Tout boulanger est responsable des pains qui portent sa marque, sauf la contrefaçon qu'il est admis à prouver.

Art. 8.

Si quelqu'un imprimait sur des pains une autre marque qus la sienne, ou contrefaisait celle d'un autre boulanger, procès-verbal serait dressé de ces malversations et l'auteur traduit devant les

8

tribunaux compétens pour être puni conformément aux lois.

Art. 9.

Les boulangers et débitants forains qui voudront être admis à approvisionner les marchés de la ville devront en faire la demande aux bureaux des subsistances et des emplacements publics de la ville.

Art. 10.

Cette demande devra être accompagnée d'une attestation du Maire de leur commune, justifiant qu'ils y sont boulangers ou débitans de pains, patentés, et qu'ils desirent vendre du pain à Marseille.

Art. 11.

Il y aura pour la vente du pain forain trois jours de marché dans la semaine , savoir : le mardi, jeudi et samedi ; si un de ces jours se trouve férié le marché aura lieu la veille.

Art. 12.

Le marché s'ouvrira à 9 heures du matin dans les six mois d'hiver, c'est-à-dire du 1ᵉʳ octobre au 31 mars inclusivement, et à 8 heures du matin pendant les autres six mois de l'année. Il finira à 3 heures dans les mois d'hiver et à 4 dans les mois d'été.

Art. 13.

Les boulangers et débitants forains seront tenus de se conformer, pour les qualités, formes, poids et prix du pain qu'ils étaleront dans les lieux publics et sur les marchés, aux articles 1, 2, 3 et 4 ci-dessus.

Chaque forme de ce pain devra également être frappée de l'empreinte d'un numéro distinct qui en indiquera la qualité.

Art. 14.

Les boulangers et débitants forains devront avoir sur leur banc d'étalage une balance munie de toutes les divisions usitées dans le système métrique. Tout le pain apporté par les boulangers et débitants forains devra être vendu au poids et non à pièce.

Art. 15.

La taxe du pain des deux qualités devra être placée en évidence sur un écriteau apposé au montant de la balance, et les débitants seront tenus de s'y conformer sous les peines de droit.

Art. 16.

Avant l'ouverture du marché, le commaissaire de police, ou l'agent par lui préposé, reconnaîtra par l'exibition du billet d'acquit que sera tenu de lui faire chaque boulanger ou débitant forain, si l'étalagiste a payé, pour toute la quantité dont il se trouvera approvisionné, le droit auquel le pain est soumis par le tarif de l'Octroi, à peine de confiscation du pain pour lequel cette justification ne serait pas rapportée.

Art. 17.

Immédiatement après l'heure fixée pour la clôture du marché, tout le pain restant invendu sera enlevé des étalages, sans que la vente puisse en être faite jusques au jour du marché suivant.

Art. 18.

Itératives inhibitions et défenses sont faites à tous les boulangers et débitants forains, à peine de confiscation, de vendre et de débiter du pain ailleurs que sur les marchés et lieux publics qui leur auront été assignés par leur permis.

Art. 19.

En cas de contravention aux dispositions qui précèdent, les permis d'étalage seront révoqués aux contrevenants.

Art. 20.

Nul ne pourra faire construire de four, sans en avoir préalablement obtenu l'autorisation du Maire. L'administration n'admettra aucun boulanger à exploiter les fours qui pourront avoir été établis contrairement à cette prescription.

Art. 21.

Toutes les autres dispositions de l'arrêté du 18 septembre 1822, non rappelées au présent,

continueront, en outre, de recevoir leur exé-
cution.

*Fait à Marseille, en l'Hôtel-de-Ville, le 19
juillet 1852.*

De CHANTÉRAC.

Vu et approuvé :

Le Préfet des Bouches-du-Rhône,

SULEAU.

Marseille, le 27 juillet 1852.